Beautiful

Beautiful

童畫風の
羊毛氈刺繡

在日常袋物×衣物上戳刺出美麗の圖案裝飾

童話風の羊毛氈刺繡

Needle felting work

contents

work 為日常生活中の小物戳上羊毛氈刺繡

從平時使用的化妝包或口金包，到長圍巾及帽子等服飾配件，
只要為自己喜歡的小配件加上可愛的刺繡，就會令人開心地想要天天穿戴使用喔！

城堡化妝包＆王冠面紙套

作法 ❀ P.26
圖案 ❀ P.66

會使人聯想到外國街景的化妝包，布面上有一整排的房子＆城堡呢！
除了利用繽紛的色彩試著作出充滿幻想的世界，
也在隨身攜帶的面紙套上戳刺出城堡國王的王冠吧！

小兔子口金包

作法 ❀ P.26
圖案 ❀ P.66

發現小花朵就咚咚咚地跳過去的小兔子
＆在草叢裡玩著躲貓貓的小兔子，
脖子上裝飾著蝴蝶結＆小串珠。
今天要帶哪個小口金包出門呢？

蝴蝶化妝包 &
三色董髮帶

作法 ❊ P.27
圖案 ❊ P.67

化妝包上的蝴蝶有著美麗漸層的翅膀 ，
三色董髮帶則充滿了既鮮明又可愛的氛圍；
兩件作品皆是羊毛氈刺繡獨有的色彩運用，
刺繡 & 繡線的組合也相當有趣喔！

繡球花室內鞋

作法 ※ P.27
圖案 ※ P.67

水藍色、藍色、紫色……
讓美麗的色彩悄悄地在腳邊綻放吧！
繡球花的周圍
則點綴著閃閃發光的串珠雨滴。

蔬菜圍裙

作法 ❀ P.27
圖案 ❀ P.67

各種色彩鮮豔的蔬菜都滾落在口袋上了！
因為一個一個的顏色＆形狀都充滿了趣味，所以忍不住貪心地刺繡上了許多蔬菜。
穿上熱鬧可愛的圍裙，開心地動手作料理吧！

午茶時間の
餐墊＆杯墊

作法 ❀ P.28
圖案 ❀ P.68

在悠閒的下午茶點心時間裡，
要不要來個可口的草莓造型蛋糕呢？
茶壺、茶杯、小碟子上…
都裝飾著小串珠哩！

天鵝手提包

作法 ❖ P.28
圖案 ❖ P.69

深色的包身與白色羽毛的天鵝非常地相襯，
以民族風刺繡緞帶般的連續花樣
在袋口周邊上圍悠遊了一圈。

點點圖案肩背包

作法 ❀ P.28

讓隨性的心情自由發揮吧！
一邊哼著歌時靈機一動，
筆下圖案的顏色就自然地一個接著一個出現了！
無草圖的即興創作也是體驗刺繡樂趣的其中一種方式。

鳥兒&街景の
長圍巾

作法 ※ P.29
圖案 ※ P.68

小鳥群在空中展翅飛翔，
下方則是整片的小鎮街景；
屋頂的圖案、窗戶的形狀、
牆壁的顏色……
都猶如是出現於
童話故事中的小房子呢！

花束帽子

作法 ❀ P.29
圖案 ❀ P.69

非常適合在大晴天戴著出門，
刺繡著繽紛色彩花束的白色帽子。
立起的帽身上則以蕾絲、緞帶、小珍珠作為裝飾。

點點小樹
T-Shirt

作法 ❀ P.29

輕飄飄、軟綿綿地
自在蕩漾的圓點小葉片。
以畫抽象畫一般的感覺，
隨意地刺繡上去吧！
單邊的袖子也加上一點刺繡
作為裝飾。

花卉洋裝

作法 ❀ P.30
圖案 ❀ P.70

使小紅花在領口及袖口處綻放，
再繡上串珠裝飾，
將簡單的洋裝改造成一件充滿個性的單品。

15

親子白熊小毛毯

作法 ❀ P.31
圖案 ❀ P.70・P. 71

將素色的毯子變得更為可愛，
與北極熊一起度過寒冷的冬天吧！
因為羊毛氈能夠表現出繪畫般的質感，
所以也可以將動物刺繡得像是真的一樣喔！

Basic 羊毛氈刺繡の基本課程

本書中所介紹的「羊毛氈刺繡」是以帶有細小凹凸的戳針將羊毛刺進布料，作成圖案的一種手法。
僅需以一支戳針簡單手作，就可以在布料上創作出不管是小幅或大型作品＆各式各樣的圖案及模樣。

準備工具

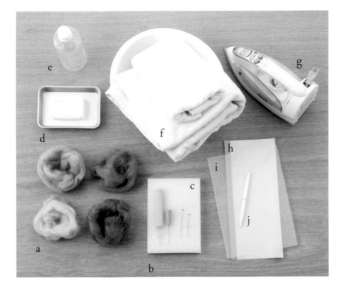

戳針の種類

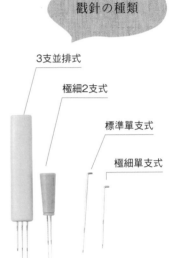

3支並排式
極細2支式
標準單支式
極細單支式

【刺繡時の必備工具】

a. 羊毛
決定好刺繡的圖案後將材料備齊。
＊本書作品皆使用的Hamanaka公司的羊毛。
（詳情請見P.32）

b. 戳針
羊毛氈手工藝專用戳針，本書用於將羊毛氈戳進布料時使用。戳針的前端有細小的凹凸，經由重複戳刺的動作使鬆軟的羊毛變得緊實，且慢慢地作出想要的形狀。製作小巧的圖案時使用單支式的，稍大的圖案則建議使用2至3支式的戳針較為方便。
＊本書使用Hamanaka的「羊毛氈戳針」。

c. 泡綿
置於布料下方的工作墊。除了市售的羊毛氈手工藝專用泡綿相當好用之外，也可以用一般的發泡保麗龍代替。

【羊毛氈化の必備工具】

d. 肥皂
羊毛經過沾溼＆以肥皂搓揉的動作後，會使羊毛氈化而變得緊實且不易鬆散。

e. 開孔寶特瓶（噴水用）
要將布料沾溼時，本書的作法是使用以錐子等工具在瓶蓋上打好洞的寶特瓶。在使用噴水道具時請噴灑上足夠的水量；製作大幅的作品時，則可以在洗臉盆內充分地沾濕。

f. 洗臉盆＆毛巾
將沾上肥皂的部分洗去＆擦乾時使用。

g. 熨斗
將熨斗對著布料與羊毛氈化後的圖案部分，熨乾布料。

【描寫圖案時所需の工具】

h. 刺繡用複寫紙

i. 描圖紙

j. 描圖鐵筆
在布上複寫圖案時使用。先以鉛筆在描圖紙上描繪圖案，再依布料→刺繡用複寫紙→描圖紙的順序疊放，以描圖鐵筆描繪圖案。

基本の戳刺技法

首先，請記住羊毛氈刺繡的基本手法！
此單元將以小房子圖案為例，介紹羊毛的戳刺技法、
羊毛氈化的作法、完成作品的訣竅等。

[注意事項]
＊小心不要讓戳針刺到手指。
＊戳針要垂直刺下。傾斜戳刺會使戳針變得容易折斷。

刺繡前の描圖方法

預先在布料上描繪圖案，再將
羊毛沿著圖案刺上去。

1 │ 在描圖紙上以鉛筆描繪圖案，再依
布料→刺繡用複寫紙→描圖紙的順
序疊放，以描圖鐵筆描畫。
※若在最上方鋪上一層玻璃紙再描圖，既
滑順好畫又可以保護圖紙。

2 │ 刺繡用複寫紙的顏色複印在布料上
的模樣。建議使用刺繡完後能消去
圖案的水溶性複寫紙。

基本技法

刺繡上羊毛

1 │ 撕下羊毛

撕取少量想使用的顏色羊毛。不要一次
撕下太多，而是在不足時再追加羊毛的
量。

2 │ 置於布料上＆以針戳刺

輕輕地以手指集中羊毛後再置於圖案上
＆以戳針刺入，使整體不留空隙地戳
刺。

3 │ 作出形狀

不留空隙地把羊毛刺上後，配合圖案作
出形狀。

4 │ 調整邊界

沿著圖案的描線小心地刺出邊界。完整
地作出輪廓後，即可完成清楚顯眼的作
品。

5 │ 戳刺上其他顏色

撕下少量接下來要使用的顏色羊毛，以
步驟1至3相同方式，不要重疊到前一個
顏色的羊毛，小心＆不留空隙地進行戳
刺。

6 │ 調整邊界

不只是外側的輪廓，顏色的分界也要仔
細地戳刺，即可完成清楚顯眼的作品。

7	在羊毛上重疊羊毛

要重疊上花樣或圖案時，在刺好的羊毛上放上另一色的羊毛，以步驟1至4相同方式戳刺出形狀。

8	完成刺繡

小房子的刺繡完成了！刺上的羊毛會從背面露出來。要特別注意的是，如果沒有確實刺好會容易鬆落。

使羊毛氈化

9	沾溼刺繡的部分

以溫水（約40℃至45℃）將刺繡好的區塊大量地沾溼。溫水比常溫的水更能使羊毛氈化的速度加快。

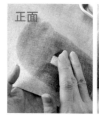  

10	沾抹肥皂

在刺繡的部分（正、反兩面）擦上肥皂。確實地沾上肥皂直至稍微有白色泡泡為止。

11	洗去肥皂

將布料放入已裝好水的洗臉盆內，洗去肥皂。

12	吸取水分

在布料下鋪墊毛巾，上方也以毛巾按壓吸取水分。

完成作品

13	以熨斗熨燙

以中溫的熨斗熨燙使其乾燥。不是滑動，而是以按壓的方式，依正面→背面→正面的順序熨燙。

14	調整邊界・完成作品

一邊調整輪廓一邊戳刺，即可完成作品。

15	完成

經由羊毛氈化的動作可以使羊毛表面變得平滑，並且緊實地與布料結合。

＊經過羊毛氈化的圖案會稍微縮小（10%左右）。

基本の戳刺技法 Q&A

Q 複數的戳針要在什麼時候使用呢？

A 在刺繡大型圖案時，為了提升作業速度時使用。

雖然一般戳針都是以單支居多，但也有2支或3支的戳針組。要製作大面積的羊毛作品時，複數戳針可以提升作業的速度。
〔基本技法・2至3〕可以使用複數的戳針（1），〔基本技法・4〕的步驟則需以單支的戳針進行（2）。只使用複數戳針作業會無法修整出漂亮的形狀，所以最後要好好地以單支戳針進行修整的動作。

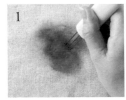
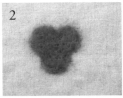
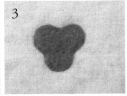

Q 在哪些布料上能夠進行羊毛氈刺繡？

A 避開表面堅硬的布料&纖維粗厚的布料。

推薦綿、麻、羊毛等纖維容易互相結合的布料。
避免使用表面上有作塑膠防水處理等的堅硬布料。另外，像麻這種纖維較粗且難與羊毛結合又容易脫落的布料也不適合。

Q 刺錯羊毛時怎麼辦？

A 在羊毛氈化前可以用手撕掉。

羊毛經由沾上肥皂的動作，就會使羊毛氈化&固定形狀。因此在羊毛氈化前，戳刺進去的羊毛還是可以用手取下。
如右圖所示，羊毛只要作出形狀至一定程度，就可以原樣取下放在別的位置上重新刺入。

Q 擔心如果刺繡脫落了……

A 建議以布料專用膠補強。

T-shirt或圍裙等常常洗滌的布料，以布料專用膠在刺繡背面補強就不容易脫落了！
布料專用膠先以少許水溶化（1）&以筆塗在刺繡背面（2），再以中溫的熨斗熨燙使其乾燥（3），表面就會變得牢固（4）。

Q 作品完成後的照料方式？

A 以羊毛製品相同方式處理。

因為原料是羊毛，所以以羊毛製品相同的方式照料即可。如清洗材質脆弱的衣物般在洗臉盆中手洗，或放入洗衣袋再以洗衣機輕柔模式洗滌皆可。
若是某一部分脫落了，請再以戳針刺上&重複使其羊毛氈化的動作。

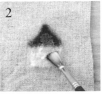
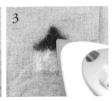
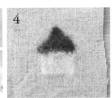

各式各樣の表現方法

各種形狀の作法

羊毛刺繡可以作出線、小圓點等模樣，
或花朵＆動物圖案等各式各樣的形狀。

手法1　細長形　［ P.9蛋糕盤 ＆ P.12屋頂圖案……］

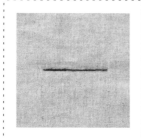

❀ 完成圖 ❀

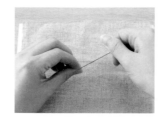

1｜撕取羊毛，以手指先作出細長的形狀。

2｜在刺繡的預定位置放上步驟1的羊毛，從前端開始戳刺。

3｜將另一端多餘的羊毛回摺，重疊上2後戳刺進去。
POINT❀ 前端重疊戳刺後就不易脫落。

手法2　尖端形　［ P.7葉片 ＆ P.12小鳥翅膀……］

❀ 完成圖 ❀

1｜進行〔基本技法・1至3〕的步驟時，以戳針輕扯羊毛作出形狀。

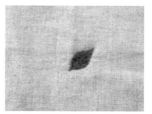

2｜戳刺邊緣，先進行一次形狀整理。

3｜想使輪廓更清楚時，可以使用細長羊毛在邊緣作出輪廓。
POINT❀ 同〔手法1・1至3〕步驟。

手法3　動物類の複雜形狀　［ P.5兔子 ＆ P.38貓咪……］

❀ 完成圖 ❀

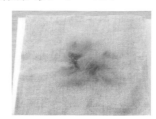

1｜將設計圖案分配擺放成數個區塊的羊毛。

2｜一邊戳刺整體，一邊將各部分不留縫隙地刺上。
POINT❀ 途中發現羊毛不夠時，可以一邊增加羊毛一邊作出形狀。

3｜戳刺邊緣＆將輪廓修飾清楚，看起來會更加漂亮。

各種顏色の
重疊法

除了清晰的單色作法，也可以作出柔和色系的疊色作品；
有如以色鉛筆或水彩畫出的圖案一般，有各種不同的表現方式。

手法1　鮮明調　[P.4城堡的窗戶 & P.13花朵……]

❀ 完成圖 ❀

1 ｜ 撕取想要重疊的顏色羊毛，
作出大概的形狀。

2 ｜ 在刺繡好的圖案上重疊戳
刺。
POINT ❀ 戳刺至看不見下
面的顏色為止。

3 ｜ 戳刺邊緣，清楚地作出輪
廓。

手法2　輕柔調　[P.6蝴蝶 & P.11圓點……]

❀ 完成圖 ❀

1 ｜ 撕取想要重疊的顏色羊毛，
輕輕地放在想要重疊的位置
上。

2 ｜ 一邊比對預想的完成形狀，
一邊戳刺上輪廓模糊的圖
案。

手法3　混合風　[P.6蝴蝶 & P.7繡球花……]

❀ 完成圖 ❀

1 ｜ 將想混合的顏色羊毛一起撕
下。

2 ｜ 以手指一邊撕取一邊混合至
作出喜歡的顏色為止，再進
行戳刺。

How to make　P.4 至 P.19 作品の刺繡圖案

❀ 作品圖案、羊毛色號皆整理於P.66至P.71中，請參考對照（一部分作品除外）。

❀ 根據完成品的厚度或顏色濃淡、羊毛氈化程度的輕重，所需要的羊毛量也有所不同。建議從少量開始製作，
　覺得分量不足時再慢慢加上。

❀ 化妝包等筒狀的作品在刺繡時，請將泡棉工作墊裁成適當大小，塞在袋中使用。

❀ 作品皆以P.21至P.22的〔基本技法〕、P.24至P.25〔手法1〕至〔手法6〕製作。請參考各自的頁數內容試著作作看吧！

P.4 城堡化妝包＆王冠面紙套

Point
在最後完成時加上亮片＆
小串珠。

以〔基本技法〕製作城堡牆壁＆屋頂，
以〔手法4〕製作窗戶＆屋頂的圖案刺
繡。當建築物有重疊的部分時，先戳刺
後方的建築物就能漂亮地完成。

Point
最後完成時，在王冠上
裝飾小串珠。

以〔基本技法〕製作王冠的形狀之後，
以〔手法4〕分別重疊刺上胭脂色＆水藍
色。

P.5 小兔子口金包

Point
在兔子脖子上縫上裝飾用
的緞帶蝴蝶結＆以布料專
用筆在草叢周圍畫上小圓
點。

Point
在兔子脖子上加上裝飾用
的小串珠&以布料專用筆畫
上花莖。

以〔手法3〕作出兔子刺繡。以〔基本技
法+手法2〕刺繡草叢時，從後方的草開
始戳刺就能漂亮地完成。

以〔手法3〕作出兔子刺繡。以〔基本技
法〕作出圓形小花刺繡，其中幾朵以
〔手法4〕重疊戳刺上配色。

P.6　蝴蝶化妝包&三色菫髮帶

Point
在黃色三色菫中央裝飾上小串珠。

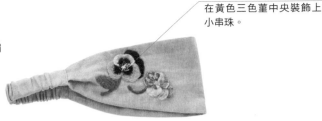

Point
加上以繡線作成的虛線繡完成作品。

以〔基本技法〕作蝴蝶身體的刺繡，以〔手法6〕作翅膀的刺繡。挑選數個喜歡的顏色撕下&稍微混合後放置，在刺繡前以〔手法5〕將各色重疊在一起。顏色不要完全混在一起、而是輕柔地重疊著。

以〔基本技法〕作出黃色三色菫的花瓣後，再以〔手法2+手法4〕重疊戳刺上焦茶色，以將羊毛從中央往外圍一邊輕拉一邊戳刺的方式進行。後方的紅色花瓣則以〔基本技法〕及〔手法6〕來刺繡。最後以〔基本技法〕戳刺出花莖&葉片。

粉紅色的三色菫以〔手法6〕將喜歡的顏色稍微混合後進行戳刺。正中間的黃色部分以〔手法4〕戳刺，最後以〔基本技法〕作出花莖的刺繡。

P.7　繡球花室內鞋

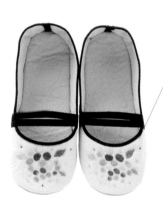

Point
縫上裝飾用的各種彩色小串珠。

以〔手法6〕作出繡球花的部分、〔手法6+手法2〕作出葉片的刺繡。製作重點在於不要混合到異色的羊毛。

P.8　蔬菜圍裙

先以〔手法6〕製作茄子&胡蘿蔔的主體，蒂&葉片則以〔手法6〕在最後加上去。

豌豆夾以〔手法6〕作出形狀，以〔手法1+手法4〕將深綠色細細地重疊上。
洋蔥以〔手法6+手法2〕作出形狀，以〔手法1+手法4〕在最後重疊上細線。
櫻桃蘿蔔以〔手法6〕作出主體，以〔手法2+手法6〕作出葉子。

香菇以〔手法6〕作出形狀，以〔手法4〕作出小圓點，以〔手法5〕在菇柄上加上影子。
檸檬以〔手法6〕作出形狀，以〔手法4+手法5〕作出檸檬色調。
切片檸檬則以〔手法6〕作出形狀，以〔手法4〕在中間、〔手法1+手法5〕在邊緣戳刺。

P.9 午茶時間の餐墊＆杯墊

Point
在底盤處縫上小串珠當作裝飾。

以〔基本技法〕作出蛋糕的形狀。再以〔手法1〕作出蛋糕的輪廓、以〔手法4〕作出水果的刺繡。最後以〔基本技法＋手法1〕作出蛋糕檯、底盤輪廓、刀叉的刺繡。

Point
在茶杯‧茶壺的圖案上加上小串珠裝飾。

〈 茶杯 〉
以〔基本技法〕作出杯子的形狀，以〔手法4〕作出紅茶部分的刺繡。再以〔手法6〕做出底盤的形狀，以〔手法1〕作出茶杯下端、底盤輪廓、把手的刺繡。最後以〔手法4〕在杯子上作出花樣（小串珠底下的部分）。

〈 茶壺 〉
以〔手法6〕作出茶壺的形狀，以〔手法4〕作出花樣。再以〔基本技法＋手法1〕作出壺蓋頭、把手、壺腳的刺繡。最後以〔手法4〕在茶壺上作出花樣（小串珠底下的部分）。

P.10 天鵝手提包

Point
在幾何圖案的中央裝飾上小串珠。若以顏色鮮明的繡線縫上，也能成為設計的特色喔！

Point
以紅色＆藍色的繡線互相交錯，使其呈現虛線的模樣。

以〔手法2＋手法3〕作出天鵝的形狀，以〔手法1〕作出翅膀輪廓的刺繡。再以〔手法1＋手法4〕作出幾何圖案。最後以〔基本技法＋手法1〕作出花朵、

〔手法1〕作出花莖、〔手法2〕作出葉片的刺繡。
將提包的袋口繡上一圈花樣吧！

P.11 點點圖案肩背包

Point
以布料專用水彩畫上小圓點後再重疊上刺繡，可以使成品呈現前後立體感。

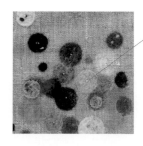

Point
在部分小圓點上縫上小串珠來裝飾。

以〔基本技法〕、〔手法4〕、〔手法5〕、〔手法6〕各自隨性地作出小圓點圖案。

＊本作品的圖案＆顏色皆未刊載於書內，請依自己喜歡的形狀＆顏色自由地享受刺繡的樂趣。

P.12 鳥兒＆街景の長圍巾

Point
在街燈上裝飾小串珠。

以〔基本技法〕作出街景的形狀，以〔手法1〕、〔手法4〕分別作出屋頂的圖案＆窗戶的刺繡，再以〔基本技法＋手法1〕作出街燈刺繡。

以〔基本技法＋手法2〕作出小鳥的刺繡。

P.13 花束帽子

Point
以虛線繡表現葉片的葉脈。

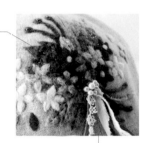

Point
在花束綁結的部分加上蕾絲、緞帶、小串珠作為裝飾。

先進行後方的葉片刺繡，再在其上作出花朵的刺繡。
以〔基本技法＋手法2〕作出葉片的刺繡。

以〔基本技法＋手法4〕作出花朵，再以〔手法2〕做出花瓣的刺繡。
最後以〔手法1〕作出花莖的刺繡。

P.14 點點小樹 T-Shirt

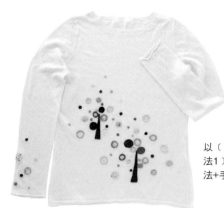

Point
以布料專用蠟筆在圓圈的中間畫上直線。

以〔基本技法〕作出小圓點，再以〔手法1〕作出圓圈的刺繡，最後以〔基本技法＋手法2〕作出樹木的刺繡。

＊本作品的圖案＆顏色皆未刊載於書內，請依自己喜歡的形狀＆顏色自由地享受刺繡的樂趣。

P.15 花卉洋裝

〈 領口 〉
以〔基本技法〕分別作出各式花朵的形狀，並在其上以〔手法4〕分別重疊上不同色彩。再以〔手法1〕作出花莖＆藤蔓，以〔手法2〕作出葉片的刺繡。最後以〔手法3〕作出松鼠＆小鳥的刺繡。

Point
在領口邊緣縫上小串珠裝飾。

〈 袖口 〉
以〔基本技法〕作出圓形花朵的形狀，並以〔手法4〕重疊上色彩，再以〔手法1〕作出花莖＆以〔手法2〕作出葉片的刺繡。

Point
在袖口邊緣縫上小串珠裝飾。

P.16 大寫羅馬字の便當包布組

〈 便當包布 〉
以〔手法1〕作出大寫羅馬字形狀的刺繡＆以〔手法2〕作出葉片及花朵的刺繡。

〈 筷子袋 〉
以〔手法1〕作出大寫羅馬字形狀的刺繡＆以〔手法4〕作出圓點的刺繡。

P.16 點點・直線・鑰匙環の書衣

〈 點點＆直線 〉
將羊毛線以戳針刺在布料上，作出直線圖案的線條。此外，取羊毛以〔手法1〕來戳刺也OK！再以〔基本技法〕作出圓點的刺繡。

＊本作品的圖案＆顏色皆未刊載於書內，請依自己喜歡的形狀＆顏色自由地享受刺繡的樂趣。

Point
以戳針將羊毛線刺在布料上。

〈 鑰匙環 〉
以〔基本技法〕作出蝴蝶結的形狀＆以〔手法1〕加上邊線。再使蝴蝶結有如穿過鑰匙鏤空處般地以〔基本技法＋手法1〕作出鑰匙的刺繡。

Point
將正中間的鑰匙縫上小串珠裝飾。

P.17 幾何圖案抱枕套

以〔基本技法+手法2〕作出刺繡。
建議從較大的部位開始慢慢進行會
比較好作業。

＊本作品的圖案&顏色皆未刊載於書內，請依自己喜歡的形狀&
　顏色自由地享受刺繡的樂趣。

P.18 親子白熊小毛毯

以〔基本技法〕作出白熊的形狀&
以〔手法5〕加上影子及輪廓，再
以〔手法1〕加上腳爪，以〔手法
4〕作出眼睛、鼻子、嘴巴、耳朵
陰影的刺繡。

※完成圖請參考P.19。

體驗與不同素材組合

透過與羊毛以外的素材搭配組合，擴展刺繡的表現型態。
例如以布料專用畫筆加上圖案、或縫上小串珠等方式，皆可以讓整體更有立體感的效果。
※使用布料專用蠟筆、水彩、畫筆等工具時，建議先在不顯眼的地方試畫後再正式塗上。

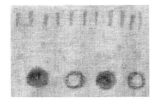

〈 布料專用蠟 〉
與使用在畫紙上的蠟筆形狀相同，
為布料專用的蠟筆。畫完後經過以
熨斗加熱的動作可以使顏色固定，
用力搓洗也不會褪色。
（使用範例…P.14の作品）

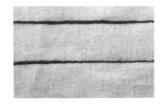

〈 羊毛的毛線 〉
因為是與羊毛氈相同的材質，所以
是很容易一起搭配使用的素材。以
戳針好好地刺進布料之後，與羊毛
氈一樣必須使其氈化才能與布料緊
實相黏。
（使用範例…P.16の作品）

〈 布料專用水彩 〉
就像是水彩一般，可以將顏料互相
重疊、混色等。以畫筆塗上後，等
待完全乾燥之後水洗也OK。
（使用範例…P.11の作品）

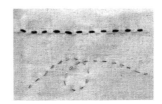

〈 虛線繡 〉
試著以繡線作出簡單的虛線繡吧！
不作困難的刺繡也很OK。使用幾種
不同的顏色組合也不錯唷！
（使用範例…P.6·10·13の
　作品）

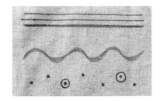

〈 布料專用筆 〉
筆型的工具相當好畫，不易暈開的
特性用來畫細線也很輕鬆，非常推
薦給初學者使用。可水洗。
（使用範例…P.5の作品）

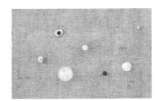

〈 小串珠、亮片…… 〉
想加上一點視覺重點時，最適合使
用小串珠或亮片了！加縫上緞帶&
蕾絲也不錯。
（使用範例…P.4·5·6·7·9·
　10·11·12·13·15·16
　の作品）

五彩繽紛の羊毛

所謂的羊毛氈刺繡指的是在羊毛纖維還未互相緊緊纏繞固定住時，以仍然軟綿的羊毛進行刺繡的作法。
當然可以只使用單一顏色，但是使用混合數種顏色的羊毛也是件有趣的事呢！
而且市面上也有販賣已事先完成混色的商品。
此單元將介紹本書部分刺繡作品所使用的羊毛顏色。

＊本書作品除了使用以下四種類羊毛之外，也有使用Kirakira羊毛Twinkle（H440-004-色號）及Candy Nep（H440-005-色號）。

Solid羊毛

❀ 美麗諾羊毛100%
❀ 50g／袋
❀ 編號／H440-000-色號

被廣泛地使用於
羊毛氈手工藝中的基本款。

❀1❀　❀45❀　❀5❀　❀16❀　❀2❀　❀23❀

❀7❀　❀4❀　❀46❀　❀3❀　❀31❀　其他全35色

Mix羊毛

❀ 美麗諾羊毛100%
❀ 50g／袋
❀ 編號／H440-002-色號

混合4至5色同色系的羊毛，
能夠作出擁有微妙差異的表現。

❀201❀　❀202❀　❀203❀　❀206❀　❀215❀　其他全15色

Natural Blend羊毛

❀ 羊毛100%
❀ 40g／袋
❀ 編號／H440-008-色號

大受歡迎的自然色系。
容易搭配使用的柔和色彩為其魅力。

❀811❀　❀804❀　❀814❀　❀816❀　❀822❀　其他全18色

Classic Tweed

❀ 英國羊毛88%・美麗諾羊毛／Nep12%
❀ 40g／袋
❀ 編號／H440-009-色號

在擁有粗纖維＆膨脹感的英國羊毛中
加有彩色的Nep。

❀901❀　❀903❀　❀905❀　❀906❀　❀907❀　全5色

材料＆工具
の資訊洽詢

和麻納卡（广州）貿易有限公司
HAMANAKA（GUANGZHOU）CO.,LTD.
Web Site :www.hamanaka.com.cn
TEL. 020-8365-2870　FAX. 020-8365-2280

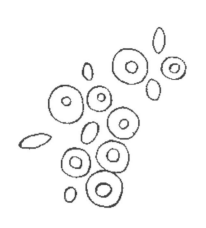

Motif

可愛の
主題圖案集

為了使手作羊毛氈刺繡更有趣，本書收集
了各式各樣的圖案＆花樣。請根據自己的
喜好來變化不同顏色及大小，將羊毛氈刺
繡應用於日常生活之中。

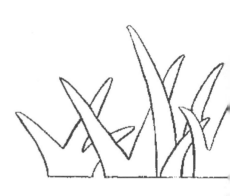

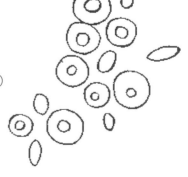

❀ 請將圖案描畫在描圖紙上，再以刺繡用複寫紙將圖案轉印在布料上使用。（請參考P.21）
❀ 重疊上多種顏色羊毛的部分，以「色號+色號」來表示。
　 若想以單色進行刺繡也OK！
❀ 所有使用的羊毛均為Hamanaka的羊毛，詳情請見P.32。
❀ 作品的基礎作法請參考P.20至P.25。

森林中の好朋友 ［範例］

出來迎接小紅帽的是綻放於路邊的花朵
&許許多多可愛的小動物們。若是覺得
重疊不同顏色的羊毛來表現色彩稍有難
度，也可以先從使用單色開始試試看
喔！

Motif 1

Motif 1

森林中の好朋友 [圖案]

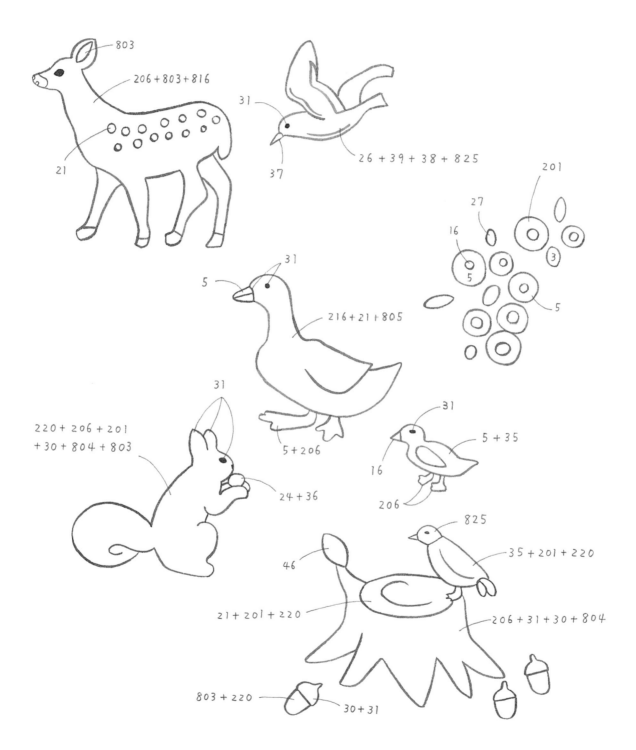

803

206+803+816

21

31

37

26+39+38+825

201

27

16

5

3

5

31

5

216+21+805

5

220+206+201
+30+804+803

31

24+36

5+206

31

5+35

16

206

825

46

35+201+220

21+201+220

206+31+30+804

803+220

30+31

Motif 2 可愛の花店 [範例]

鬱金香、向日葵、三色菫……陳列了各式各樣花朵的花店。
數朵花並列在一起固然可愛，一支支地使用在刺繡中也很OK喔！

Motif 2 可愛の花店 [圖案]

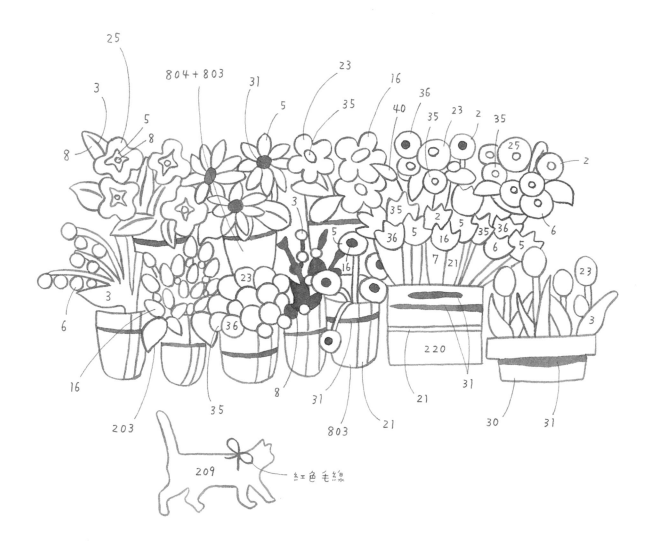

紅色毛線

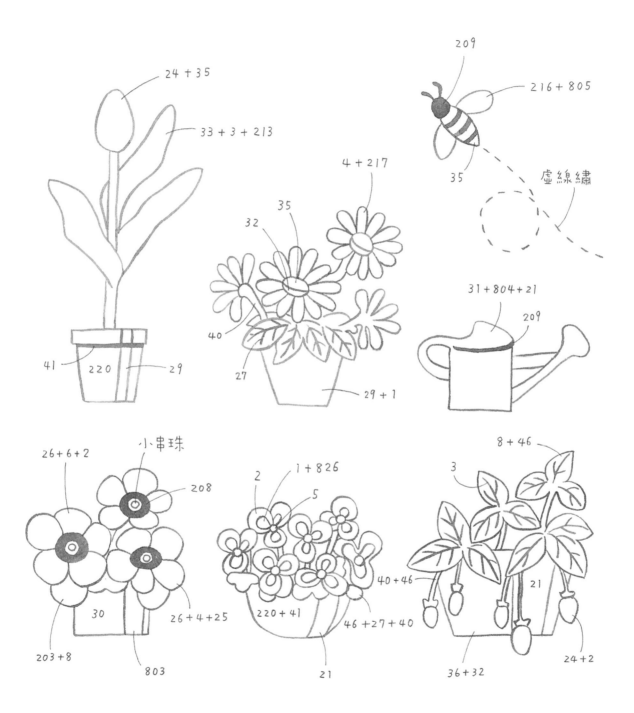

24 + 35

33 + 3 + 213

209

216 + 805

35

虛線繡

4 + 217

35

32

31 + 804 + 21

209

41   220   29

40

27

29 + 1

26 + 6 + 2

小串珠

208

8 + 46

3

2   1 + 826

5

40 + 46

21

30

26 + 4 + 25

203 + 8

803

46 + 27 + 40

220 + 41

21

36 + 32

24 + 2

Motif 3　女孩兒雜貨選　[範例]

女孩子的房間裡總是有很多可愛的東西。試著將喜愛的雜貨圖案刺繡在手帕或化妝包上吧？
看到與擺在自己房間內的雜貨一樣的圖案也會讓人感到很開心唷！

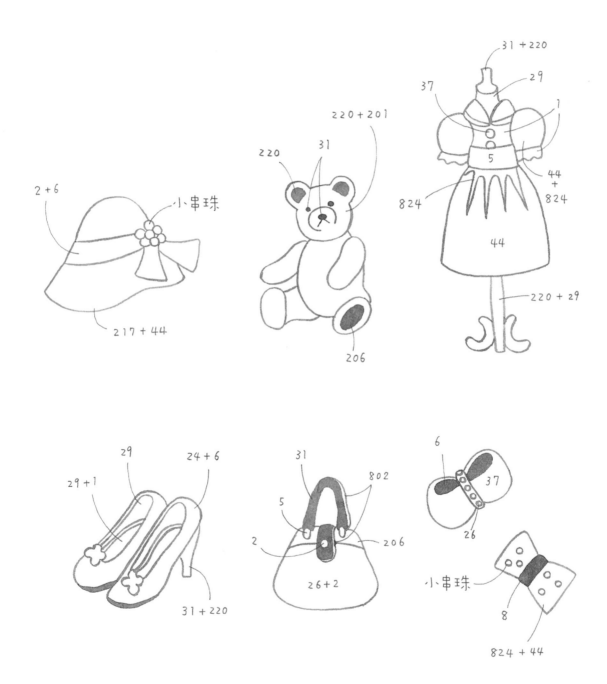

2 + 6

小串珠

217 + 44

220 + 201

220

31

206

31 + 220

37

29

1

5

824

44
+
824

44

220 + 29

29

24 + 6

29 + 1

31 + 220

31

802

5

2

206

26 + 2

6

37

26

小串珠

8

824 + 44

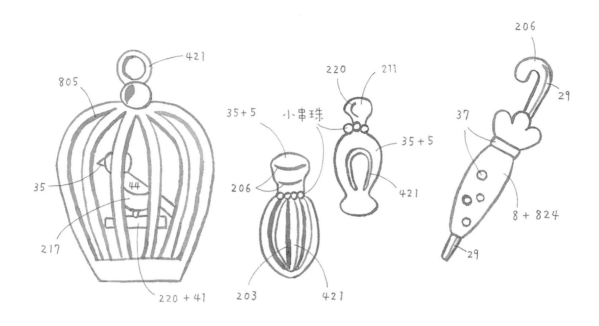

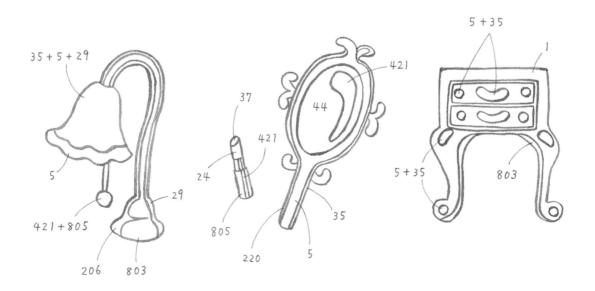

Motif 4 最愛の點心時間 [範例]

讓女孩子心跳不已的甜點＆水果。巧克力、草莓、鮮奶油……
甜點的顏色可以依喜歡的口味自由地作出各種變化，相當有趣喔！

Motif 4 最愛の點心時間 [圖案]

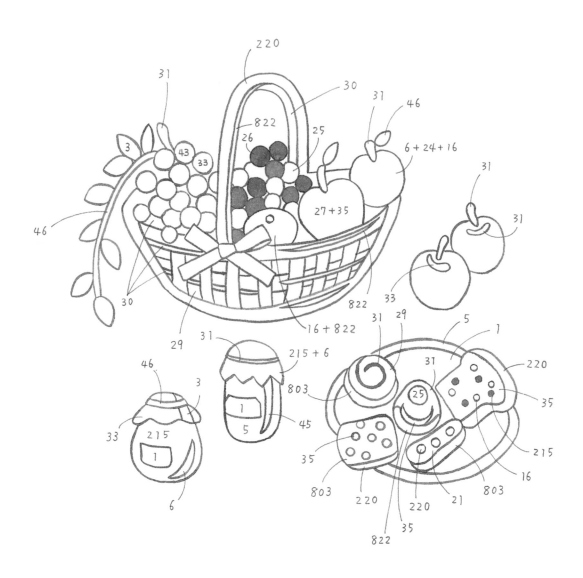

1
46
27
45
3
46
36
217+44

5
220
26
215
21
1
30
421
24
31
36
1
8 2 2
30

220
21
1
5
2 + 6 + 36

21 + 5
31 + 220
2 + 6 + 36
6
1

2 + 6 + 36
5
421
21
6
1

Motif 5 巴黎の雜貨 [範例]

艾菲爾鐵塔、馬卡龍、古董蕾絲……來作令人憧憬的法國印象刺繡吧！
與閃閃發亮的小串珠作組合搭配相當適合喔！

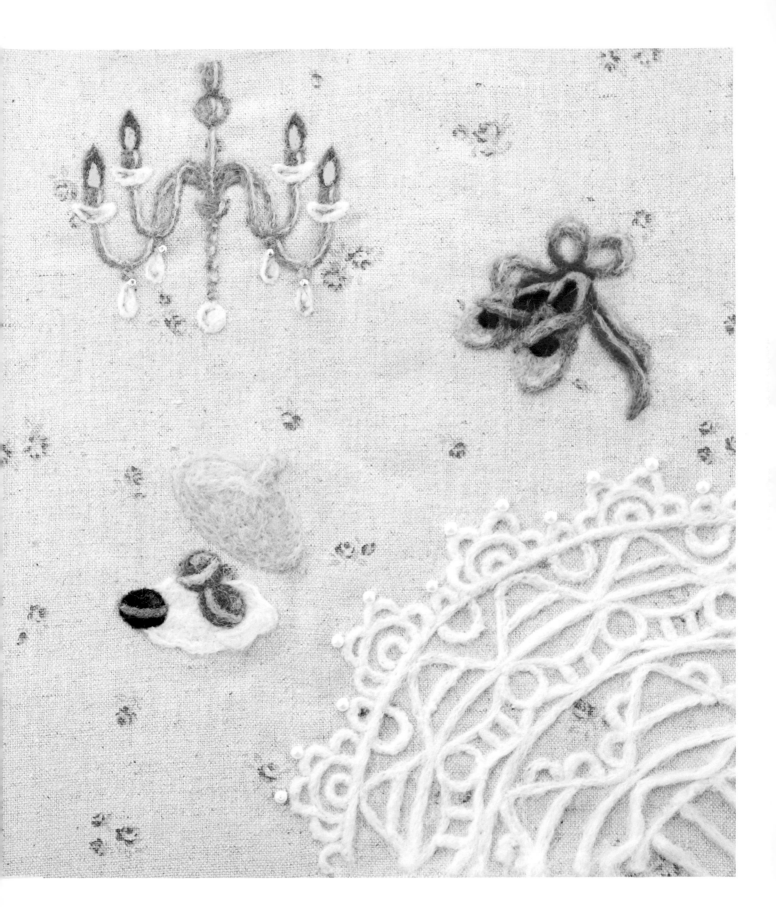

Motif 5 巴黎の雑貨 [圖案]

6 + 2 + 36

215

40

213

40

3

36

822

16

45

29

421

214

1

24

5

220

5

小串珠

822

16

220

2

36

5

206

21

201

41

1

215

31

803

40 + 8

1

29

206

5 + 21

220

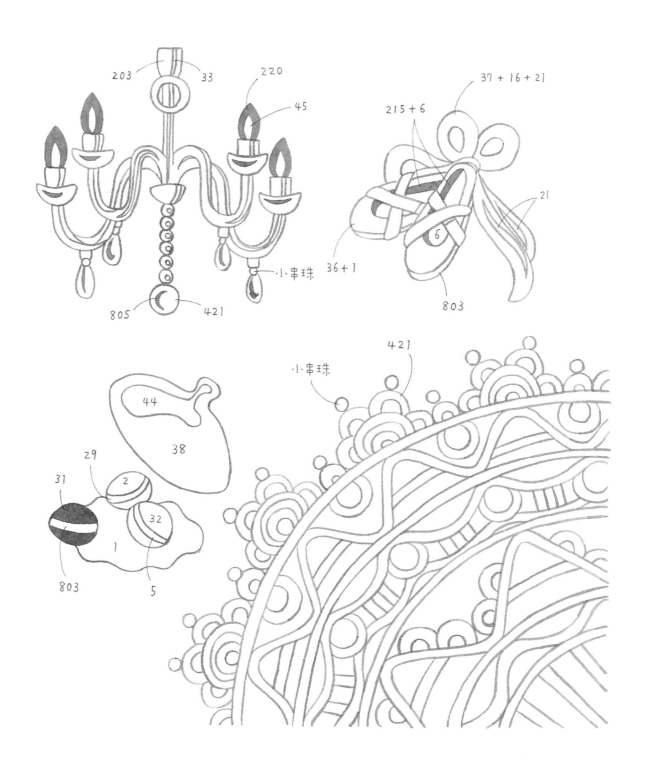

203 — 33   220

45

215 + 6   37 + 16 + 21

21

36 + 1   6

小串珠   803

805   421

小串珠   421

44

38

29

31

2

32

1

803   5

Motif 6

快樂音樂會 ［範例］

獻給音樂愛好者的專屬設計，作出彷彿
可以聽見音樂的樂器圖案刺繡。使用與
實物一模一樣的顏色也好，痛快地使用
繽紛色彩也很讓人興奮呢！

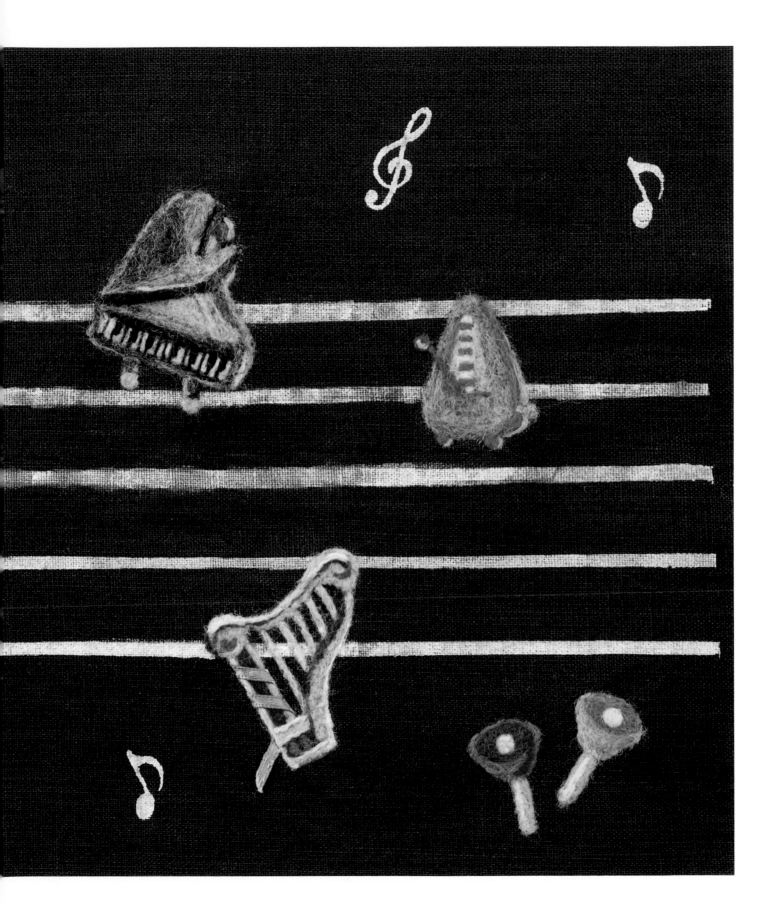

Motif 6

快樂音樂會 ［圖案］

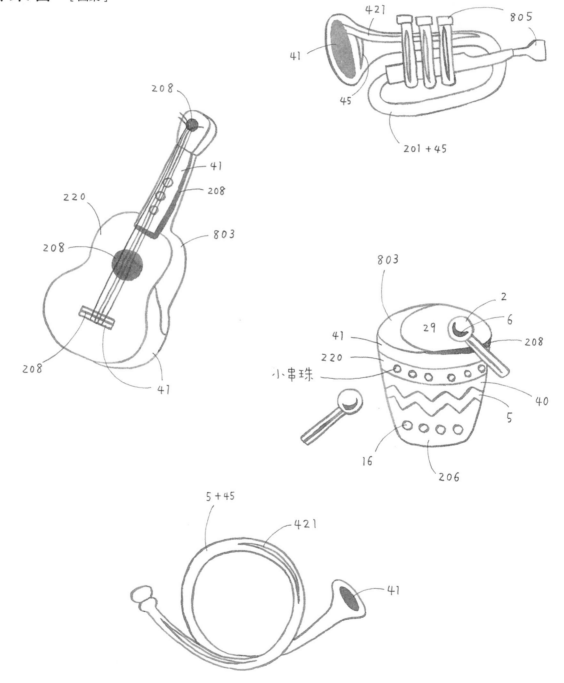

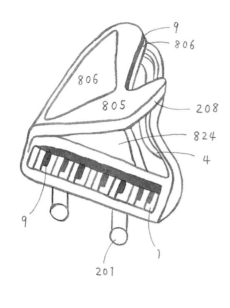

9
806
806
805
208
824
4
9
9
201
1

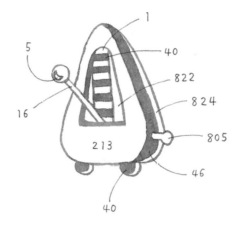

1
5
40
822
824
805
16
213
46
40

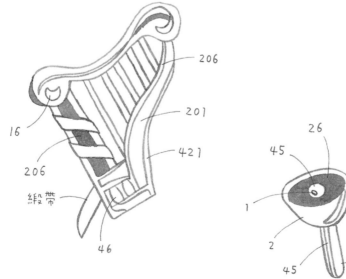

206
16
201
206
421
緞帶
46

824
26
2
45
1
2
825
45
5

Motif

美人魚出現の海邊 ［範例］

貼近耳邊彷彿可以聽見海浪聲的貝殼、跳出
海面濺起水花的魚兒……還有唱著歌的美人
魚，就像闖進童話世界一般，給人不可思議
的印象。想不想動手試試看海洋風的圖案刺
繡呢？

Motif 7

美人魚出現の海邊 [圖案]

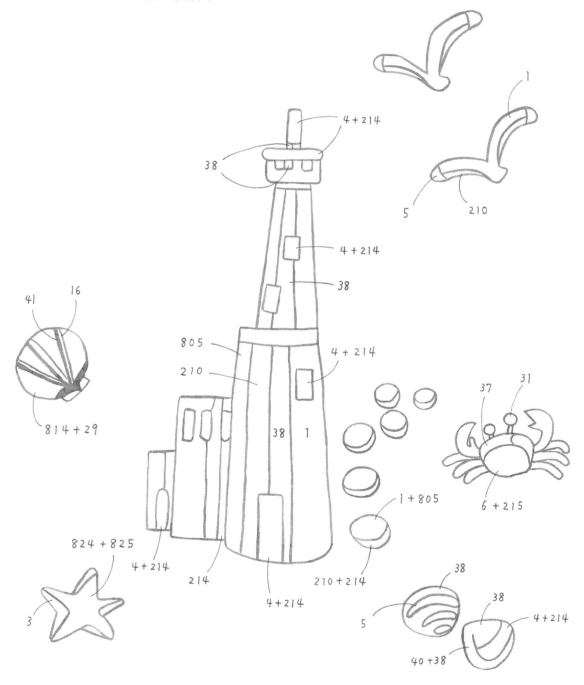

4 + 214

38

4 + 214

38

41   16

805

210

4 + 214

814 + 29

38   1

1 + 805

37   31

6 + 215

824 + 825

4 + 214

214

210 + 214

3

4 + 214

38

5

38

40 + 38

4 + 214

5

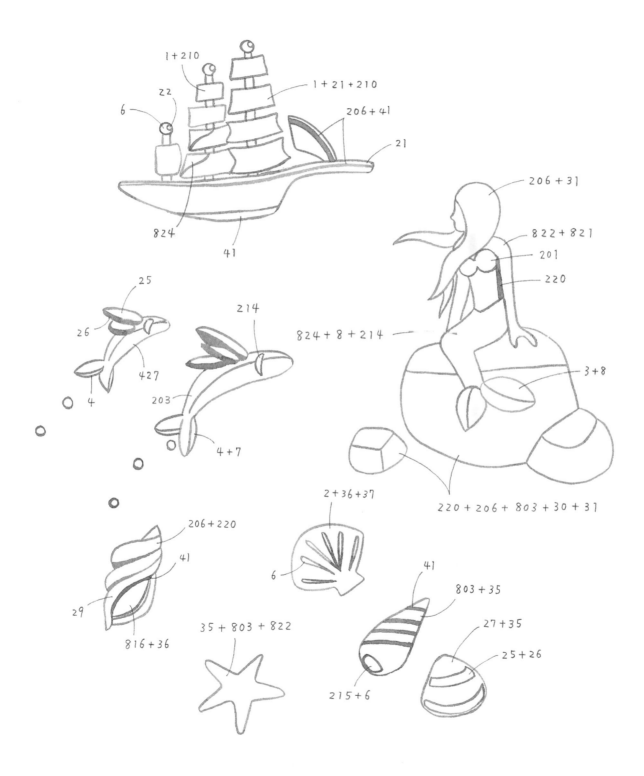

1+210

22

6

1+21+210

206+41

21

824

41

25

26

214

4 27

4

203

4+7

206+31

822+821

201

220

824+8+214

3+8

2+36+37

220+206+803+30+31

206+220

41

29

6

41

803+35

816+36

35+803+822

27+35

25+26

215+6

Motif 8 旅行の回憶 [範例]

男孩子也會喜歡的交通工具及相機、地球儀，充滿夢想＆浪漫的旅行風格圖案。
車票＆郵票等旅行途中常見的物品也都成為了可愛的刺繡作品。

$\mathcal{M}otif$ 8　旅行の回憶 ［圖案］

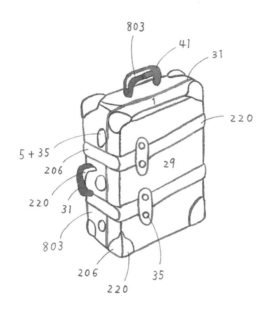

803
41
31
1
220
5 + 35
206
220　31
803
29
206
220
35

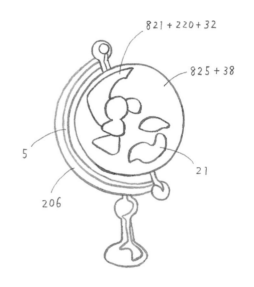

821 + 220 + 32
825 + 38
5
21
206

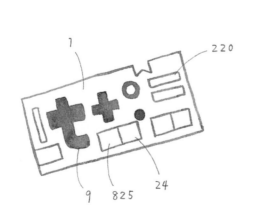

1
220
9　825
24

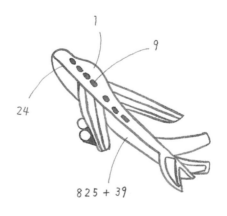

1
9
24
825 + 39

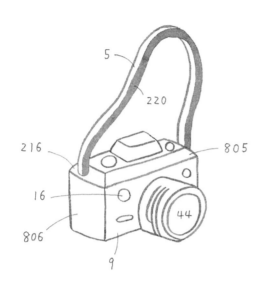

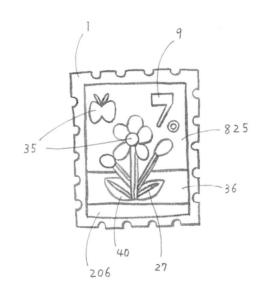

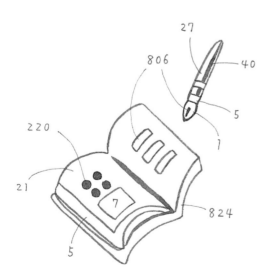

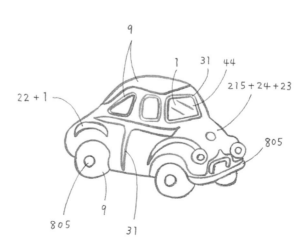

P.4至P.19作品の刺繡圖案

*各圖皆有標示可將圖案放大至與刊載範例相同大小的放大倍數，請確認後使用。另外，也很推薦你一邊參考圖案，一邊刺繡出自己想要的尺寸大小喔！請自由地放大或縮小後使用。

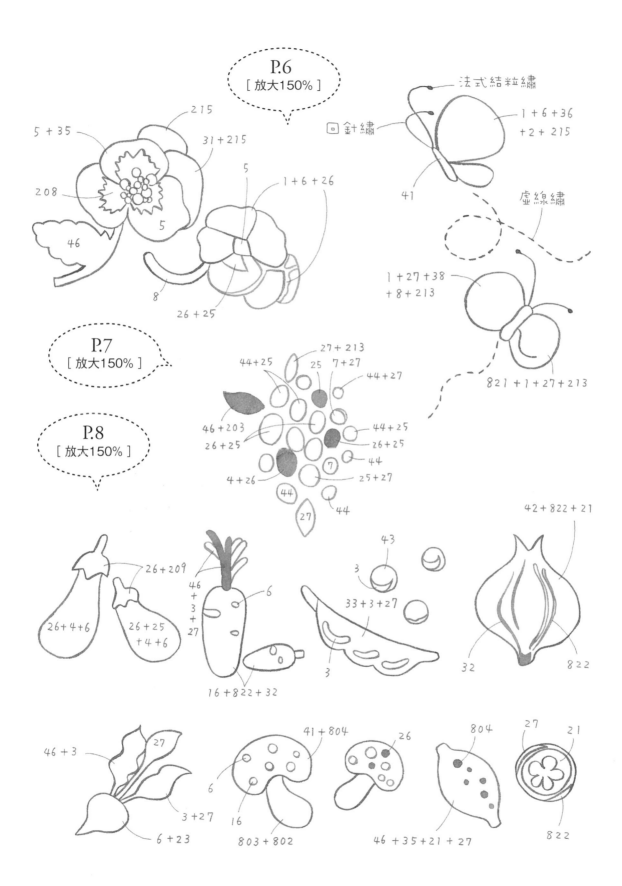

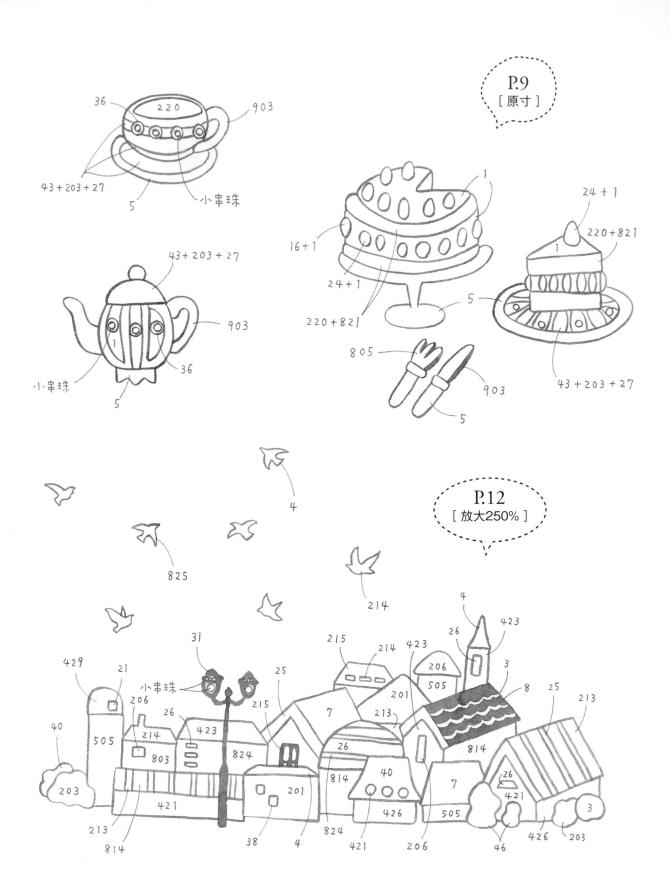

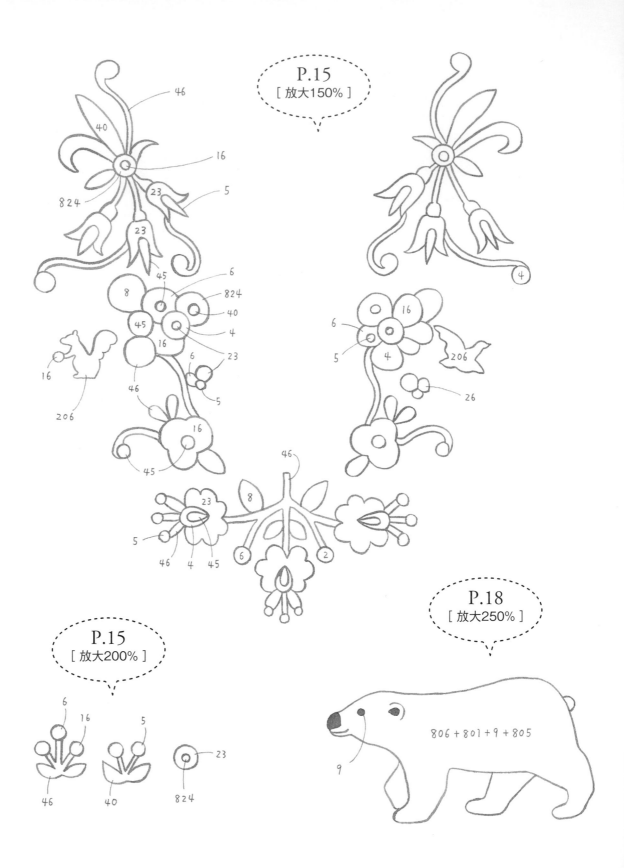

P.15
[放大150%]

P.15
[放大200%]

P.18
[放大250%]

※全部皆為806+801+9+805，
只有眼睛‧鼻子‧嘴巴是9。

P.18
[放大250%]

作者介紹

tamayu

加藤珠湖・繭子（かとうたまこ・まゆこ）

玻璃＆羊毛氈作家。

是由姊姊・繭子（武藏野美術大學畢業）與
妹妹・珠湖（日大藝術學部畢業）組成的姐
妹組合。自 2001 年起開始創作活動。以柔軟
及帶有溫度的作品為創作目標，製作有：首飾、
服裝配件、室內裝飾雜貨……等作品。正以東
京都內及日本各地店家的寄賣及企畫展為中心
活躍。

HP http://www.tamayu.com

choco-75

日端奈奈子（ひばたななこ）

插畫家，1978 年生，日本大學藝術學部設計
學科畢業。大多接觸書籍裝幀、文藝雜誌插畫
等工作，也製作將插畫活用於羊毛氈刺繡中的
雜貨創作。

HP http://www.nanakohibata.com

玩・毛氈 07

童畫風の羊毛氈刺繡
在日常袋物 x 衣物上戳刺出美麗の圖案裝飾

作　　　　者／choco-75(日端奈奈子)
　　　　　　　tamayu(加藤珠湖・繭子)
譯　　　　者／張淑君
發　行　　人／詹慶和
總　編　　輯／蔡麗玲
執　行　編　輯／陳姿伶
編　　　　輯／蔡毓玲・劉蕙寧・黃璟安・白宜平・李佳穎
封　面　設　計／翟秀美
美　術　編　輯／陳麗娜・周盈汝・李盈儀
內　頁　排　版／造極
出　　版　　者／Elegant-Boutique 新手作
發　　行　　者／悅智文化事業有限公司
郵政劃撥帳號／19452608
戶　　　　名／悅智文化事業有限公司
地　　　　址／220 新北市板橋區板新路 206 號 3 樓
電　　　　話／(02)8952-4078
傳　　　　真／(02)8952-4084
網　　　　址／www.elegantbooks.com.tw
電　子　信　箱／elegant.books@msa.hinet.net

2015 年 1 月初版一刷　定價 280 元

YOUMO FELT SISHU
© CHOCO-75, TAMAYU 2009
Originally published in Japan in 2009 by Kawade Shobo Shinsha Ltd.
Publishers, Tokyo.
Chinese translation rights arranged through TOHAN CORPORATION,
TOKYO.,and Keio Cultural Enterprise Co., Ltd.

經銷／高見文化行銷股份有限公司
地址／新北市樹林區佳園路二段 70-1 號
電話／0800-055-365　　傳真／(02)2668-6220

國家圖書館出版品預行編目 (CIP) 資料

童畫風の羊毛氈刺繡：在日常袋物 x 戳
刺出美麗の圖案裝飾 / 日端奈奈子，加藤珠湖，
加藤繭子合著；張淑君譯 .-- 初版 .-- 新北市
：新手作出版：悅智文化發行，2015.01
　面；　公分 .-- (玩 . 毛氈；7)
ISBN 978-986-5905-81-1(平裝)
1. 手工藝

426.7　　　　　　　　　　　　103025407

STAFF

攝影　　わだりか (mobiile,Inc.)
設計　　笠原優子
繪圖　　木村倫子

和麻納卡 (广州) 貿易有限公司
HAMANAKA (GUANGZHOU) CO.,LTD.
Web Site :www.hamanaka.com.cn
TEL. 020-8365-2870　　FAX. 020-8365-2280

Beautiful

Beautiful